**⑦ 古村落**

浙江新叶村
采石矶
侗寨建筑
徽州乡土村落
韩城党家村
唐模水街村
佛山东华里
军事村落—张壁
泸沽湖畔"女儿国"—洛水村

**⑧ 民居建筑**

北京四合院
苏州民居
黟县民居
赣南围屋
大理白族民居
丽江纳西族民居
石库门里弄民居
喀什民居
福建土楼精华—华安二宜楼

**⑨ 陵墓建筑**

明十三陵
清东陵
关外三陵

**⑩ 园林建筑**

皇家苑囿
承德避暑山庄
文人园林
岭南园林
造园堆山
网师园
平湖莫氏庄园

**⑪ 书院与会馆**

书院建筑
岳麓书院
江西三大书院
陈氏书院
西泠印社
会馆建筑

**⑫ 其他**

楼阁建筑
塔
安徽古塔
应县木塔
中国的亭
闽桥
绍兴石桥
牌坊

# 筑境

中国精致建筑100

## 云南傣族寺院与佛塔

杨昌鸣 撰文摄影

中国建筑工业出版社

# 出版说明

中国是一个地大物博、历史悠久的文明古国。自历史的脚步迈入新世纪大门以来，她越来越成为世人瞩目的焦点，正不断向世人绽放她历史上曾具有的魅力和光辉异彩。当代中国的经济腾飞、古代中国的文化瑰宝，都已成了世人热衷研究和深入了解的课题。

作为国家级科技出版单位——中国建筑工业出版社60年来始终以弘扬和传承中华民族优秀的建筑文化，推动和传播中国建筑技术进步与发展，向世界介绍和展示中国从古至今的建设成就为己任，并用行动践行着"弘扬中华文化，增强中华文化国际影响力"的使命。从20世纪80年代开始，中国建筑工业出版社就非常重视与海内外同仁进行建筑文化交流与合作，并策划、组织编撰、出版了一系列反映我中华传统建筑风貌的学术画册和学术著作，并在海内外产生了重大影响。

"中国精致建筑100"是中国建筑工业出版社与台湾锦绣出版事业股份有限公司策划，由中国建筑工业出版社组织国内百余位专家学者和摄影专家不惮繁杂，对遍布全国有历史意义的、有代表性的传统建筑进行认真考察和潜心研究，并按建筑思想、建筑元素、宫殿建筑、礼制建筑、宗教建筑、古城镇、古村落、民居建筑、陵墓建筑、园林建筑、书院与会馆等建筑专题与类别，历经数年系统科学地梳理、编撰而成。本套图书按专题分册，就其历史背景、建筑风格、建筑特征、建筑文化，结合精美图照和线图撰写。全套100册、文约200万字、图照6000余幅。

这套图书内容精练、文字通俗、图文并茂、设计考究，是适合海内外读者轻松阅读、便于携带的专业与文化并蓄的普及性读物。目的是让更多的热爱中华文化的人，更全面地欣赏和认识中国传统建筑特有的丰姿、独特的设计手法、精湛的建造技艺，及其绝妙的细部处理，并为世界建筑界记录下可资回味的建筑文化遗产，为海内外读者打开一扇建筑知识和艺术的大门。

这套图书将以中、英文两种文版推出，可供广大中外古建筑之研究者、爱好者、旅游者阅读和珍藏。

# 目录

009　一、生活的中心

021　二、佛祖与众生的对话

033　三、切磋教义的圣殿

039　四、千姿百态的佛塔

047　五、笋塔的魅力

057　六、各具特色的附属建筑

067　七、丰富多彩的装饰艺术

075　八、造像和壁画

087　九、传播与演变

090　傣族南传上座部佛教建筑大事年表

# 云南傣族寺院与佛塔

云南傣族大约有八十三万余人，主要分布在云南省西双版纳傣族自治州、德宏傣族景颇族自治州、耿马傣族佤族自治县，以及孟连傣族拉祜族佤族自治县等地区。傣族是一个具有悠久历史的民族，自古以来就是中华民族大家庭的成员之一。傣族建筑艺术既反映出中国传统文化的影响，又表现出鲜明的民族文化特征，是中国建筑艺术宝库中的一颗璀璨的明珠。

傣族在语言系属上属于汉藏语系壮侗语族壮傣语支，在民族系属上属于西南地区四大族群之一的百越族群。百越本来是居住在我国东南部地区的古代民族，正如吕思勉先生在《中国民族史》中所说："自淮以北皆称夷，自江以南则曰越"。由于支系众多，又被称为百越或百粤，故有"百粤杂处，各有种姓"的说法。百越迁徙活动频繁，散布范围很宽，浙江、江西、福建、广东、广西、安徽、湖南等省区甚至东南亚都留有百越先民活动的足迹。云贵高原地区在汉晋时就

图0-1 孟连土司府
既然土司制度是在汉族政权的扶持下建立起来的，土司的府第当然也要与普通的傣族民间建筑有所区别。"非壮丽无以重威"的思想也许是超越民族和时空的，因此在这片土地上同样流行。

有被称为"夷越"和"滇越"的百越支系活动于其间。这些越人后来被冠以其他族称,如原永昌地区的越人在唐代被称为"黑齿"、"金齿"、"银齿"、"绣脚"、"绣面"、"茫蛮"等;元明以降,"金齿"等又改称为"金齿百夷"或"百夷";清代以后则称"摆夷",他们就是现在的傣族先民。

傣族主要聚居地区的地理及气候条件不尽相同。西双版纳傣族自治州地处云南西南部,地势平坦,河谷纵横,气候温暖,资源丰富;德宏傣族景颇族自治州位于滇西,地势从高到低急剧变化,地形介于平原与山地之间,气候差异也较大;耿马及孟连等地则属丘陵地带。与这种自然条件相适应,傣族的农业生产以种植水稻为主、旱地农耕为辅。他们积累了比较丰富的农业生产经验,建立了比较完备的耕作体系、水利灌溉系统及水利管理制度。作为农业生产的重要补充,傣族地区的手工业也比较发达。傣族群众在纺织、竹器制作、制陶、酿酒等方面所掌握的技术都有相当高的水平。正是由于农业与手工业的密切结合,为傣族地区自给自足的自然经济的形成与发展奠定了良好基础。

中国内地与傣族聚居区发生政治联系的时间最早可上溯至汉代。中央王朝于西汉元封二年(公元前109年)在澜沧江以西建立政权;东汉朝廷管辖的范围已达滇西地区。元朝开始在傣族聚居区实行土司制度,明清又将这一制度进一步加强。政治上的紧密联系促进了内地先进的文化和生产技术在傣族聚居区的广泛传播,加快了傣族社会经济的发展速度,同时也对傣族文化本身产生了巨大影响。

由于交通、地理和政治等方面的原因,居住在不同地域的傣族群众在文化的发展上也有些差异。西双版纳受泰国、老挝等国文化影响较大,滇西德宏与缅甸文化有着较多的渊源,耿马、孟连等则是汉族文化影响较多的地区。此外,毗邻民族对傣族文化的影响也不可忽视。

傣族人民在长期的历史发展过程中,创造了光辉灿烂的民族文化。他们在天文历算、语言文字以及文学艺术等方面取得了令人瞩目的成就。傣历的起源较早,此后又吸收了汉族干支纪时历法和印度天文历法的某些成分并加以改进而最后定型。傣文的创制年代大约在公元1277年,来源于古印度字母系统,使用范围比较广泛。傣族的文学艺术成就主要表现在诗歌、舞蹈、民歌、器乐、绘画、雕刻等领域,其中尤以佛塔及佛寺的建筑雕刻和绘画最具民族风格。

南传上座部佛教(小乘佛教)在傣族聚居地区深入人心、占有绝对的优势地位。傣语称南

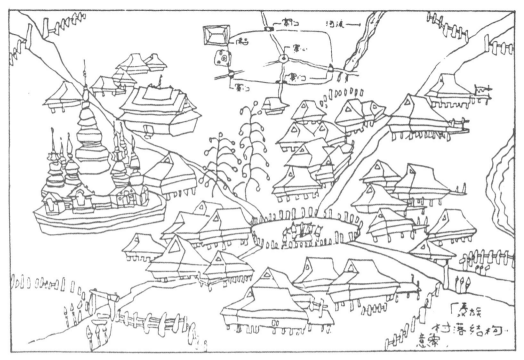

图0-2 傣族村寨结构意象 （吕彪 绘图）
寨心、寨门、佛寺和佛塔，是构成傣族村寨的
几种主要元素。这几种元素的不同组合方式，
导致了傣族村寨的气象万千。

传上座部佛教为"沙瓦卡"（Savaka）、"沙斯那"（Sasana）或"卜塔沙斯那"（Buddha Sasana），均来自印度巴利语。因其经典多用巴利语抄写，故也有人称南传上座部佛教为巴利语系佛教。南传上座部佛教的前身是古代印度部派佛教中的上座部佛教。部派佛教有上座部及大众部等两大部派：上座部由一批坚持佛陀原始教义的长老组成，他们鼓吹以解脱自身烦恼而得自利，自认为是佛教的正统；大众部则对传统戒律持较为自由的态度，主张以菩提渡人之道以利他人为自利。上座部佛教的影响曾及于迦湿弥罗一带，大众部在印度中部地区占有优势。后来上座部在印度本土的影响渐渐衰微，但却在斯里兰卡得到极大发展，并以之为中心向东南亚地区陆续扩散，人们习惯上将沿这条路径传播的上座部佛教称为南传上座部佛教。至于"小乘佛教"这种称呼，则是相对于"大乘佛教"而言的。早期的"小乘"一词略带贬义，因为"乘"的本意为运载，印度部派佛教中的大众部认为自己不但能够自我解脱，而且还能运载众人渡过苦海进入涅槃境界，故可称为"大乘"；那种只能运载少数人到达彼岸的、主张自我解脱的部派如"上座部"等理所当然只能是"小乘"了。后来"小乘"逐渐成为与大众部相对立的各个部派的统一名称，也就不再带有贬义了。由于原来在印度的小乘部派只剩下南传上座部这唯一的一支，人们又常用"小乘佛教"来代称"南传上座部佛教"。但傣族群众对这种代称不表欢迎，故仍称"南传上座部佛教"为宜。

特定的地理及文化背景赋予了傣族建筑艺术以鲜明的民族特征。傣族人民心灵手巧，善于从其他民族文化中去粗取精、吸收有益养分，充分利用当地资源优势，创造出丰富多彩的寺院建筑和佛塔，无论是在建筑艺术方面还是在建筑技术方面都达到了相当高的水平。

一、生活的中心

筑境 中国精致建筑100

　　寺院与佛塔是傣族人民最为崇敬的建筑物。南传上座部佛教在教义上遵守原始佛教和早期佛教的经典，分别以十二因缘、五蕴和四谛来说明世界观和人生观，主张一切皆空，亦即人空、生空和我空，认为人的一生不外乎都是苦，只能自我解脱和自我拯救。而这种解脱和拯救的唯一途径就是要以"赕"（即布施）的具体行动来积善行、修来世，最终达成正果。进行这种"赕佛"活动的场所，除了各个家庭自行设置的小型佛坛之外，主要是佛寺和佛塔。因此，这些宗教性建筑物实际上扮演着人与佛之间的媒介的角色，从而在人民生活中占据重要地位。

　　南传上座部佛教是一种戒律谨严的寺院佛教，它要求每个男子在其一生中必须到寺院中去过一段时间的僧侣生活，然后可以自由还俗。短期的僧侣生活既可为人们提供接受教育的机会，又可加强人们与寺院的感情联系。换言之，寺院不但是僧侣的住所和宗教活动的场所，也是普及教育机构和公众社会活动中心。对于笃信南传上座部佛教的傣族群众来说，没有寺院似乎是不可思议的事情，因为他们一生中所经历的几乎所有重要事件都与寺院有关，他们不但要在寺院中赕佛、诵经，而且要在寺院中举行庆典、选举领袖、调解纠纷，如此等等，不胜枚举。寺院与人们生活的这种密切关系，促使人们倾注全力去建造辉煌壮丽的佛寺及佛塔，以至于这些建筑无论在技术上还是在艺术上都远远超过了一般居住建筑的水准。

北

至勐海

1.佛寺
2.晒场
3.水井
4.乡政府
5.医务室
6.草棚
7.仓库

**图1-1 勐海曼贺平面图**
在西双版纳，佛寺通常布置在村寨中地势显要或
风景绝佳处，以其位置优势和高大体量成为整个
村寨的视觉中心，并常常成为村寨的主要入口。
勐海曼贺佛寺即是将寺院布置在村寨的入口处，
以密集的竹楼衬托出高大雄伟的寺院建筑。

佛寺在傣族人民生活中的重要性还反映在村寨的布局方面。在傣族村寨中，佛寺（也被称为"缅寺"或"奘房"）是最为重要的公共建筑。佛寺的位置选择对于村寨的布局来说往往具有决定性的影响。在西双版纳，佛寺通常布置在村寨中地势显要或风景绝佳处，以其位置优势和高大体量成为整个村寨的视觉中心，并常常成为村寨的主要入口。实例如勐海曼贺佛寺以及景洪曼买佛寺，即是将寺院布置在村寨的入口处，以密集的竹楼衬托出高大雄伟的寺院建筑；又如景洪曼飞龙佛塔，巍然耸立在村寨后面的小山上面，牢牢地吸引着人们的视线。但在滇西德宏一带，情况稍有不同，佛寺

**图1-2 瑞丽大等喊佛寺平面图**
在滇西德宏一带，佛寺的位置一般都是在村寨的中部或尾部，以其本身的体量与周围环境形成对比，从而建立起对村寨的控制优势。大等喊佛寺和村寨的关系就是如此。

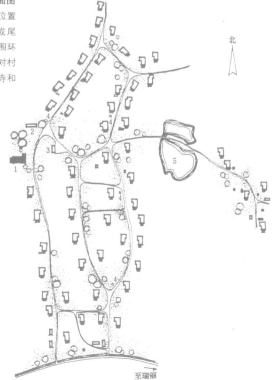

1.佛寺（奘房）
2.小学
3.拖拉机修理站
4.水井
5.水塘

北

至瑞丽

**图1-3 勐海曼懂佛寺**

如果不加注意，一般人可能都想不到那座用篱
笆围合起来的土台就是曼懂寨的寨心。形式上
的简朴，丝毫也不会削弱它在村寨中的重要
性，相反，与它紧邻的曼懂佛寺又从宗教的角
度使它的凝聚力得到更进一步的强化。

的位置一般都是在村寨的中部或尾部，以其本身的体量与周围环境形成对比，从而建立起对村寨的控制优势。实例如大等喊佛寺和喊沙佛寺等等都是如此。

版纳佛寺有时也设置在村寨的中心位置。很多少数民族在选择寨址和建寨活动中普遍表现出对村寨中心（简称寨心）的特殊关注，这与原始宗教信仰有关。寨心的重要性并不在于它在村寨中所处位置本身所具有的优势，而在于它被世代相传的观念所赋予的象征意义。西双版纳的傣族群众认为"村寨犹如一个人的身体，身体的心脏有一种灵魂，称为宰曼，或刚宰曼，它就生活在村落的中央部位"（宋恩常：《云南少数民族研究文集》）。在这种观念的影响下，寨心就不再是普通的场所，而是村寨灵魂的化身了。

傣族群众通常用木桩（有时也用巨石，或者用篱笆围成土台）来象征"宰曼"，每年都要举行定期或不定期的全村祭祀，祈求全寨人畜兴旺、祛灾降福。遇有村寨成员的迁出或

图1-4 勐海勐混佛寺外观
无须另加说明，仅凭五级跌落屋面，
就直观地表明了勐混佛寺是一座级别
较高的中心佛寺。

筑境　中国精致建筑100

迁进，也需首先祭祀宰曼，以便取得宰曼的同意。而在举行这些仪式时，也吸收了一些南传上座部佛教的做法，例如要在寨桩下埋入一个盛放有少许金银及高僧头发的佛钵，并在寨桩的顶部置放一块木板用于供奉祭祀佛祖的祭品。因而寨心实际上又是村寨的宗教祭祀中心。

当佛寺与寨心相结合时，寨心的核心作用由于得到宗教的支持而大大增强。反之，当佛寺远离寨心时，佛寺本身也许会形成一个事实上的村寨中心，这是因为南传上座部佛教早已渗透到傣族人民日常生活之中的缘故。

傣族佛寺的规模视其级别高低而有大小之分。在西双版纳，级别最高者为设在景洪宣慰街的总佛寺，其次还有大佛寺、中心佛寺及小佛寺之分。这种区别主要通过佛殿的屋面呈台阶状跌落的构造处理来反映。一般来说，屋面呈五级跌落者级别最高，三级跌落者次之，无跌落者等级最低。

傣族佛寺的总体布局比较灵活，表现出与汉地佛寺院落式规整布局的明显差异。佛寺的基本组成部分主要有佛殿、佛塔、戒堂、僧舍、寺门、引廊等，寺院的围墙则视具体需要可设可不设。此外因所处地区的不同有的寺院还有鼓房、泼水亭及男女信徒宿舍等附属设施。在具体布局组织方面，西双版纳与德宏地区的佛寺又有若干区别。

图1-5 景洪曼洒佛寺
利用屋顶的变化来增强寺院的吸引力，是晚近时期的一种设计手法。好在这种不甘寂寞的追求尚未对整个寺院的平面格局产生太大的影响。

云南傣族寺院与佛塔　　生活的中心

筑境　中国精致建筑100

**图1-6 景洪洼龙佛寺透视图**
雄伟而华丽的建筑形象本身，就可以使人强烈
地感受到景洪宣慰街的这座总佛寺在宗教和政
治上所具有的双重权力。

西双版纳地区傣族佛寺总体布局的基本情况可用景洪宣慰街的总佛寺来说明。宣慰街总佛寺，也称洼龙寺，位于澜沧江西岸的一处林木掩映的高地上，十分引人注目。该寺布局规整，四周没有围墙，在东西向的中轴线上依次布置有寺门、引廊、佛殿和佛塔，轴线南侧设有戒堂，而僧舍则居于佛寺基地的西北角，主次关系非常明确。建在高大厚重台基之上的洼龙寺佛殿，屋顶呈五级跌落，并与其下部呈三级跌落的披檐组合成轮廓线变化丰富的屋顶造型。可惜的是这座著名的寺院已经不存，人们只能从图纸或照片上去追忆它过去的辉煌了。

德宏佛寺总体布局比较灵活，除了常将佛殿与僧舍合并设置外，还有泼水亭及男女信徒宿舍，但很少设戒堂和藏经室。另外，也有佛寺与佛塔分别设置的情形，也就是较大的佛寺往往不设佛塔，而独立设置的大型佛塔本身也在某种程度上具有佛寺的功能。

二、佛祖与众生的对话

在傣族佛寺中，佛殿是最重要的构成元素。佛殿以其巨大的体量、精美的造型和装饰，以及显要的位置，确立了对整个寺院的控制优势。佛殿在傣语中称为"维罕"，是寺院中供僧侣及信徒举行宗教典礼或其他重要仪式的场所。佛殿的平面大多为矩形，主轴线呈东西向（仅少数例外），主要入口通常布置在东端，佛像则相应靠近西端，但面朝东方。据说佛陀在菩提树下面朝东方成佛，故有此制。这也是傣族佛寺与内地佛寺相区别的最主要特征之一。

图2-1 景洪曼阁佛寺的佛殿平面、剖面图

这座佛殿的特点是木构梁架边跨横梁的外端不是由木柱而是由砖砌外墙来支撑，但在横梁与外墙交接处，常垫置石柱础或卵石作为过渡，这样既可避免横梁与砖墙墙顶的直接接触，又可为阴暗的室内空间增加些许光线。

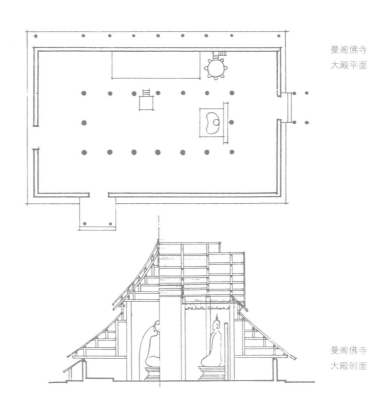

曼阁佛寺
大殿平面

曼阁佛寺
大殿剖面

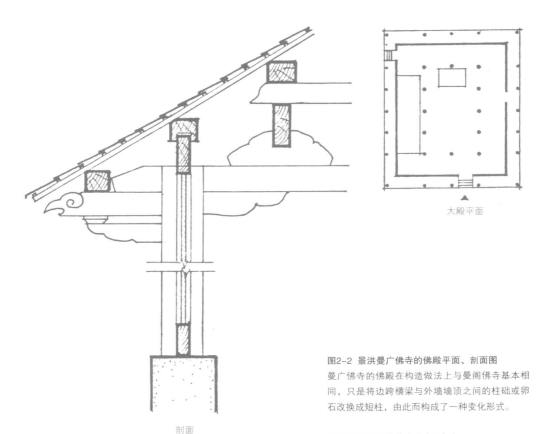

剖面

大殿平面

**图2-2 景洪曼广佛寺的佛殿平面、剖面图**

曼广佛寺的佛殿在构造做法上与曼阁佛寺基本相
同，只是将边跨横梁与外墙墙顶之间的柱础或卵
石改换成短柱，由此而构成了一种变化形式。

**图2-3 橄榄坝曼苏满佛寺**/后页

与曼阁和曼广的情况有所不同，橄榄坝曼苏满佛
寺的佛殿外墙只起围护作用而无结构意义，所有
梁架荷载均由柱子承载，其结构体系与当地干栏
式住宅基本相似。除了构造做法的特点以外，从
这张图片上，我们同时也可看到这座佛寺之所以
有名，根本原因还在于其总体布局及空间组合方
面所具有的特殊魅力。

云南傣族寺院与佛塔

佛祖与众生的对话

筑境 中国精致建筑100

图2-4 瑞丽喊沙佛寺室内
相对于西双版纳的佛殿来说，德宏地区的佛殿平面构成上比较灵活，通常将祭献部分，待客部分以及僧侣起居部分组织成一个整体，但各个部分又相对独立，互不干扰，相互间的区别往往通过高低不同的屋顶加以暗示。所以，德宏的佛殿与佛寺在某种意义上是一个同义词。喊沙佛寺的室内布置就充分说明了这一点。

傣族佛殿有"落地"与"干栏"这两种主要类型。前者以西双版纳地区为多（临沧、思茅等地区某些受汉族影响较强的佛殿也属此类），后者常见于滇西德宏地区；落地式佛殿大都置于高度不等的台基之上，而台基的高度似与佛寺的等级高低有关。在泰国、老挝等国，佛殿台基的高度随着时间的向前推移而逐渐降低，但在版纳地区这种趋势并不十分明显。落地式佛殿与傣族民间常见的干栏式住宅在形式上形成鲜明的对照，其中固然有强调佛殿与住宅之间性质差异的刻意追求，但更重要的可能还在于必须满足供奉巨大佛像的实际需要。在干栏式建筑的架空楼板上显然不宜设置过大过重的佛像，德宏地区之所以采用干栏式佛殿，就与当地供奉的佛像体量较小不无关系。这种差异也从一个侧面证明了云南傣族所信奉的南传上座部佛教有着两个不同方向的传播来源。

图2-5 瑞丽喊沙佛寺外观

德宏佛殿在外观上也与西双版纳佛殿有着明显
的差异，同干栏建筑的特点相呼应，佛殿底层
架空，墙面钉木板或竹席，屋面用镀锌铁皮波
形瓦覆盖，屋顶多为坡度平缓的歇山顶，其中
心部位常叠置有层数不等的气楼状小屋顶，屋
顶最高处还设有塔刹状的装饰物。

在结构体系方面，干栏式佛殿一般采用传统的干栏式建筑结构体系，可看作是普通民居的扩充和发展；落地式佛殿的承重构架均为横向梁架体系，构架沿纵向布置，仅端部梁架保留有中柱，余皆取消，使内部空间更显阔大，以满足大规模赕佛活动的需要。在这类佛殿中，其外墙与梁架之间的关系略有区别，主要有以下三种类型：

（1）曼阁式：这种类型的特点是木构梁架边跨横梁的外端不是由木柱而是由砖砌外墙来支撑，但在横梁与外墙交接处，常垫置石柱础或卵石作为过渡，这样既可避免横梁与砖墙墙顶的直接接触，又可为阴暗的室内空间增加些许光线。尽管如此，佛殿的室内空间仍感照明不足，但这对于渲染神秘气氛来说却不无好处。这种类型以景洪曼阁佛寺的佛殿为典型代表，故可称为"曼阁式"。

（2）曼广式：如果将边跨横梁与外墙墙顶之间的柱础或卵石改换成短柱，就构成了第一种类型（曼阁式）的变化形式，姑且称之为

图2-6 瑞丽大等喊佛寺
始建于清乾隆年间的大等喊佛寺，以长约15米的入口引廊和坡度平缓的歇山顶中心部位叠置的气楼状小屋顶为其最突出的特征。

"曼广式"，因为目前所知这种类型的最早者是景洪曼广佛寺的佛殿。

**（3）曼苏满式：**这种类型的佛殿外墙只起围护作用而无结构意义，所有梁架荷载均由柱子承载，其结构体系与当地干栏式住宅基本相似。橄榄坝曼苏满佛寺的佛殿即反映了这种情形，故以为名。

总的来看，前两种类型较为多见，年代也相对较早；第三种类型较少，出现的时间也可能较晚。这种情况反映出西双版纳地区的傣族佛殿经历了一个从忠实模仿泰国、老挝佛殿格局到因地制宜进行改进的、从模仿到创造的渐变过程。

相对于西双版纳的佛殿来说，德宏地区的佛殿平面构成上比较灵活，通常将祭献部分、待客部分以及僧侣起居部分组织成一个整体，但各个部分又相对独立，互不干扰，相互间的

**图2-7 芒市菩提寺**
芒市菩提寺的立面处理虽然反映出一定的汉族建筑的影响，但并未从根本上改变它作为傣族佛寺的性质，反而使它的文化内涵得以增强。

区别往往通过高低不同的屋顶加以暗示。所以，德宏的佛殿与佛寺在某种意义上是一个同义词。

德宏佛殿在外观上与西双版纳佛殿有着明显的差异，同干栏建筑的特点相呼应，佛殿底层架空，在木楼板上铺竹席划分活动区域；墙面钉木板或竹席；屋面用镀锌铁皮波形瓦覆盖；屋顶多为坡度平缓的歇山顶，其中心部位常叠置有层数不等的气楼状小屋顶，屋顶最高处还设有塔刹状的装饰物。

在入口处设置轻巧的引廊是德宏佛殿的又一特征。这些引廊大都由一系列层层跌落的小屋顶组成，与缅甸某些佛教建筑的处理方式十分相似。

**图2-8 孟连下允角佛寺**
与汉族接触频繁的特定地理及文化条件，对宗教建筑所产生的影响，在孟连下允角佛寺有着比较鲜明的体现。

在室内处理方面，德宏佛殿相对来说比较简洁。楼板及墙面均极少装饰，天花则常常绘制佛本生故事，重点装饰部位是佛台。

瑞丽的大等喊佛寺和喊沙佛寺是这类佛殿的典型实例。大等喊佛寺始建于清乾隆年间，主要入口朝东，入口引廊长约15米。佛殿室内用竹席划分出祭献及待客等不同的空间领域。天花用数十块题材各异的彩画板组合而成，其题材有花草鸟兽人物等。

潞西县的菩提寺的形制是德宏佛寺中的一个比较特殊的例子。菩提寺据说始建于17世纪，在结构上属于干栏式建筑的范畴（其下层架空部分现已用砖封堵，常令人误认为是普通楼阁式建筑），而外部形象与细部装饰又表现出较强的内地建筑特征。这大约是因为芒市地区受汉族影响较大的缘故。

处于西双版纳和德宏之间的傣族聚居区域，如澜沧、孟连、临沧等地，因受汉族影响较多，其佛殿无论在外观上或是在室内处理上都出现了一些变化。

三、切磋教义的圣殿

在西双版纳地区的傣族佛寺中，还有一种外观与佛殿相似，但体量较小的建筑物，这就是戒堂。戒堂，傣语称"布苏"、"波苏"或"务苏"，是高级僧侣定期讲经以及新僧人受戒的专用场所，俗人不得随意入内，有时甚至禁止妇女在附近走动。戒堂的地位相当重要，常被作为区分佛寺等级的重要标志。按照规定，只有中心佛寺以上者才有资格设置戒堂，其余等级较低佛寺中的僧侣必须到等级较高的佛寺中所设的戒堂去举行重要仪式。

大多数戒堂的朝向、结构、屋顶形式等均与佛殿相似，平面亦为矩形，但通常没有檐廊，仅有少数戒堂有门廊。戒堂室内亦供奉小型佛像，有时在戒堂基础下面还埋有"吉祥法轮石"，一般每边埋一块，中心埋一块。"吉祥法轮石"的数目也与佛寺等级有关，等级较高者数目也较多，最多的达九块。这些石块的意义在于象征性地划分出神圣的祭献区域，也是区别佛殿与戒堂的主要标志。这种做法源出

**图3-1 曼阁佛寺戒堂**
戒堂的体量虽然不大，但它在寺院中的地位却很高，也因此而带有一些神秘的色彩。对于僧侣来说，它是切磋教义的圣殿；对于信徒而言，它却是一片不得擅自进入的禁区。

图3-2 曼苏满佛寺戒堂室内
戒堂的室内处理其实与佛殿是基本相同的，二者之间的
差异也主要在于体量和用途的不同。曼苏满佛寺戒堂室
内的金水装饰，大概可从一个侧面证实这种推断。

于泰国、老挝等国，因为在这些国家中，佛殿
与戒堂在外观上的区别并不特别明显，有的寺
院甚至只有戒堂而无佛殿，或者刚好相反。在
这种场合，人们就只能根据是否有埋设法轮石
的标记来辨别究竟是佛殿还是戒堂了。

　　尽管西双版纳地区的戒堂在外观、体量、
位置等方面都难以同佛殿相匹敌，但这并不意
味着它的重要性也逊于佛殿。事实上，在泰国
早期南传上座部佛教寺院中，真正处于主导地
位的是戒堂和佛塔，佛殿只不过是具有居住性
质且可供信徒使用的附属于戒堂的建筑物。随

着南传上座部佛教的不断普及，仅仅有只供僧侣使用的戒堂显然难以满足日益增多的信徒的需要。因为在信徒的心目中，寺院已不再是少数僧侣独善其身的专有领域，而是大众与佛陀直接交流的场所。施主们捐献钱物建造寺院的目的并不只是积功德或还愿心，而是要为自己创造一个能与佛陀直接对话的空间。那么，与其将钱财耗费在自己不能经常享用的庄严的戒堂上，不如将自己可以自由出入的佛殿建造得更加辉煌气派。正是在这种思想的指导下，戒堂在体量和位置上逐渐让位于佛殿。这种由于观念上的变更导致建筑布局模式转换的现象古今恒有，中国内地佛教寺院格局的演变即为突出代表。即使如此，人们仍然可以看出戒堂在寺院中的地位非但未被削弱，反而成为区分佛寺等级的重要标志。西双版纳地区佛寺中戒堂的或有或无，正好说明了这一问题。

西双版纳地区佛寺戒堂本身的形式也有一些变化，最典型者莫过于景真的八角亭。景真八角亭其实是景真佛寺的戒堂，但它的建筑造型与其他傣族寺院的戒堂相差甚远，呈现出一种特殊的面貌。景真佛寺据信始建于清代（1701年前后），其戒堂虽历经重修但仍能大体上保持原有特征。戒堂平面为折角亚字形，共有十六个阳角和十二个阴角。其基座高约2.5米，呈须弥座的形式，用砖砌成，墙身也用砖砌，门设置在四个主要立面上。将戒堂的屋顶分解成八十座小屋顶，并在八个方向上对小屋顶作逐层跌落的处理，是使这座建筑闻名遐迩的关键所在。经过这样的精心处理，戒堂的屋

图3-3 景真八角亭
经过对屋顶形式的精心处理,这座形式独特的
戒堂展现出一种全新的面貌,凹曲状的屋顶轮
廓线把人的视线引向高耸的刹杆,成功地将戒
堂的用途与佛殿和佛塔的某些造型语汇融合为
一体,产生了强烈的吸引力。

顶形式展现出全新的面貌，凹曲状的屋顶轮廓线把人的视线引向高耸的刹杆，成功地将戒堂的用途与佛殿和佛塔的某些造型语汇融合为一体，产生了强烈的吸引力。

值得注意的是，在滇西傣族佛寺中，难以见到戒堂的踪迹，这与德宏一带深受缅甸寺院影响有关。缅甸南传上座部佛教寺院习惯采用集中式布局，即以一个中央大厅（常与佛塔结合在一起）来满足佛事活动的基本要求，表现出与泰国布局模式的明显差异。

四、千姿百态的佛塔

**图4-1 庄莫塔立面图**
据推断建于16世纪的景洪庄莫塔的塔身即为覆钟式。该塔建在一方形塔基上，塔座由若干环状体叠置而成，表现出对须弥座形式的模仿痕迹。其覆钟形塔身略作竖向划分和雕饰，使轮廓简洁自然的塔身显得更具魅力。

**图4-2 勐腊曼蚌铜塔**/对面页
勐腊的曼蚌铜塔，据信是西双版纳地区现存最早的一座叠置式佛塔。年代虽然有些久远，但经过金箔和金粉的包装，曼蚌铜塔仍然光彩照人。

佛塔在早期的南传上座部佛教寺院中占有十分重要的位置，有时是塔随寺建，有时是寺随塔建，有时则是塔寺分立。与在印度及中国汉地佛教传布地区的情况相似，建造佛塔的目的起初是为了供奉释迦牟尼的舍利、佛发或王室的贵重物品，后来，佛塔也成为等级的标志，只有中心佛寺或历史悠久的佛寺才能建造佛塔。

在云南的南传上座部佛教建筑中，佛塔的数目十分可观。据不完全统计，仅西双版纳地区的佛塔总数就不下百余座。德宏州及其余傣族聚居地区也有不少佛塔。傣族群众对佛塔的崇敬与重视，不言自明。

傣族佛塔大体上可分为塔基、塔座、塔身和塔刹四个部分。这四个部分本身在形式上的变化及其组合方式的不同，构成了千姿百态的佛塔形象。

塔基的构造做法是在夯土地面上用砖或石铺砌一层平台，略高于地面，其平面形状与塔座形状相呼应。此外也有不设塔基而直接在夯土地面上砌筑塔座的做法。

塔座多为须弥座的形式，高度及层数不等。有的塔座呈阶梯形，有台阶通达塔座顶部。塔座四隅常塑有神蛇、瑞兽或其他装饰物，反映出泰、缅等国的影响。塔座平面有方形、六角形、圆形、折角亚字形等多种形状。须弥座的束腰处有时也布置一些小佛龛或其他雕饰。

塔身是塑造佛塔形象的主要元素。最常见的塔身形式有以下两类：

（1）**覆钟式**：这种形式的塔身为上小下大的喇叭状形体，犹如覆盖在地面上的古代铜钟，故有此称。在外观上，覆钟式塔身与喇嘛塔有些相似，但其上部轮廓线比喇嘛塔更为柔和自然，高宽比例上亦较瘦削，风格上的差异明显可见。

图4-3 芒市树包塔/对面页
常言道："有心栽花花不发，无心插柳柳成荫"。这座佛塔的建造者绝对想不到在若干年后的今天，一棵"来历不明"的榕树的巨大气根会与佛塔纠缠不休，从而生发出"树包塔"这一大奇观。

图4-4 傣族佛塔构成示意图
千姿百态的傣族佛塔形象，
不过是塔基、塔座、塔身和
塔刹这四个部分本身在形式
上的变化及其不同组合方式
的结果而已。

塔刹

塔身

塔座
塔基

塔立面图

0　1　2　3m

据推断建于16世纪的景洪庄莫塔的塔身即为覆钟式。该塔建在一方形塔基上，塔座由若干环状体叠置而成，表现出对须弥座形式的模仿痕迹。其覆钟形塔身略作竖向划分和雕饰，使轮廓简洁自然的塔身显得更具魅力。

（2）**叠置式：**这种形式的塔身是由若干大小不一的体积叠置而成的。这些体积的形状或为多边体，或为扁平圆柱体，无一定之规。叠置体积的高度和面积不等，叠置方式也很灵活。尽管从总的趋势来看，叠置的体积由下而上逐渐收缩递减，但也会突现出一些凹凸变化，构成活泼优美的轮廓线。这些叠置的体积也可以是须弥座的形式，在外观上与内地的密檐塔有些近似。

总的说来，在傣族聚居地区的佛塔中，覆钟式塔身数量稍少，而叠置式塔身应用较多。当然也有两者结合的做法。

除了上述两种常见的塔身形式之外，还有一些比较特殊的搭身形式。它们有的只是简单的多面体，有的则是几种不同类型的组合。

塔刹包括莲座、相轮、刹杆、华盖、宝瓶以及风铎等几个组成部分。塔刹与塔身之间通常有一覆钟状体积作为过渡，其上置莲座。莲座呈仰莲状，承托着一圆形锥状体，然后是由大到小向上逐层收缩的相轮。相轮之上再置细宝瓶，覆有金属刹杆耸出于宝瓶之上，刹杆上还装有用金属环片制成的华盖（又称宝伞），华盖顶端镶火焰宝珠或小塔之类的装饰物。德宏地区则常在刹尖上加设风铎，显系受缅甸影响。

笃信佛教的傣族群众还将塔的形象与实际的用途结合起来，创造了一种傣族特有的建筑形式——井塔。井塔的作用主要是保护水源不受污染，其上部形象与普通佛塔相差无几，下部掏空留出井口，既具有较强的装饰性，又方便适用。这也从一个侧面反映出南传上座部佛教已经深入地渗透进傣族群众的日常生活中。

五、笋塔的魅力

笋塔的魅力

筑境 中国精致建筑100

傣族佛塔不仅有以单塔为主的形式，而且有群塔的形式。群塔的基本特征是以中央大塔统率周围小塔，总平面以方形、圆形为多，塔的造型与单塔大同小异。与傣族两个主要聚居地区相呼应，西双版纳和德宏地区的群塔在风格上也有着比较明显的区别。西双版纳的曼飞龙白塔以及瑞丽姐勒大金塔分别是这两个地区群塔的典型代表。

曼飞龙白塔坐落在一座小山上，非常引人注目。塔的始建年代据传说是公元1207年，现存者可能已是几经重建之物。整座塔由一座中央大塔及八座呈放射状布置的小塔组合而成。这九座塔的平面均为圆形，同处于一个圆形须弥座基座之上，基座之下尚有两层低矮的基台。在基座的边缘，对应于八座小塔的位置，设有八个略向外凸出的悬山顶小佛龛，小塔与佛龛之间用船首形的砖砌体加以连接。中央大塔通高约16米，塔身由三层逐层收缩的须弥座构成，其上是覆钟形的塔刹基座，承托着莲座、花蕾、锥状的层叠相轮以及串联着金属华盖的刹杆，造型挺拔秀美，高耸入云。周围的八座小塔形式与中央大塔基本相同，仅塔身为一层须弥座而已，但高度只有大塔的一半左右，把中央大塔衬托得格外高大。在色彩的运用上，曼飞龙白塔也颇具匠心，全塔以银白色为主调，在八座红色佛龛及蔚蓝色天空的映衬

图5-1 曼飞龙白塔外观/对面页

主次分明的银白色群塔在蔚蓝的天空的映衬之下，显得生机勃勃，分外妖娆，这也许正是它得名"塔诺"（笋塔）的由来。

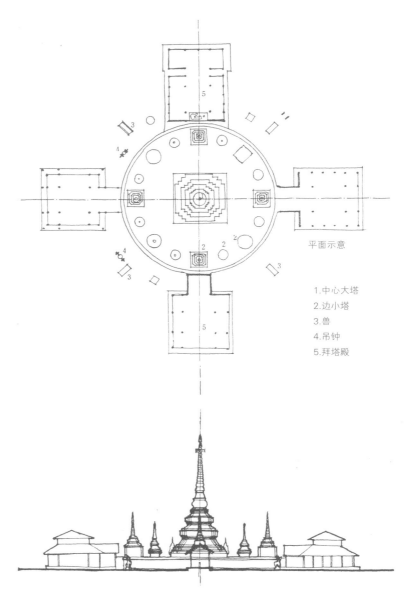

平面示意

1.中心大塔
2.边小塔
3.兽
4.吊钟
5.拜塔殿

西南立面示意

**图5-2 瑞丽姐勒大金塔被毁前的平面图和立面
示意图**

大金塔的原有格局是在一圆形高台上,以中央
大塔为圆心,沿着周边呈放射状对称布置了四
座方形小塔及十二座圆形小塔,并且在方塔与
中央大塔的连线上,相应设置四座方形或矩形
拜塔殿于塔基外侧。

**图5-3 瑞丽姐勒大金塔现状**

重建后的大金塔，平面格局虽然大体上一如旧
制，但却不再有拜塔殿的位置。这样的简化处
理，也许是想为群塔创造一个相对净化的环
境，使之更能引人注目。

**图5-4 勐混群塔**/前页
名气不如曼飞龙佛塔的勐混群塔，却因其平面为八角形而被人们所注意。

下，显得分外夺目亮丽。当地人将曼飞龙白塔称为"塔诺"，也就是"笋塔"的意思，生动而形象地描绘出这座群塔犹如蓬勃向上之雨后春笋的设计意图。

曼飞龙白塔之有名，还在于在塔的南面有一处传说中的"圣迹"。这一圣迹实际是在一块大青石上所显现出的脚印形凹坑，被人们附会为佛祖的脚印。在脚印前还有一眼被称为"圣井"的水井。在传说中，这一脚印是佛祖为当地人民指示塔应建在何处而踩出来的，而水井则是佛祖用禅杖在地上一戳就戳出来的。凡是来赕塔朝圣的信徒，都要向涂满金粉的佛祖脚印内投几块银币以求获得佛祖的保佑，同时也要喝一口或舀一壶圣水以求祛病除灾。

瑞丽姐勒大金塔是德宏地区群塔的典型代表。在《民国勐卯地志序》中，有这样一段文字可以帮助我们了解大金塔的基本情况："姐勒之金塔，为数十七，建立年代久远不可考……俗传其地，发现佛骨，形状色泽大小不一，往往于夜间大放光芒，五光十色，极为奇丽，迷信者见之，逐渐觅获，建塔其上，并立奘房祀之。"大金塔的原有格局是在一圆形高台上，以中央大塔为圆心，沿着周边呈放射状对称布置了四座方形小塔及十二座圆形小塔，并且在方塔与中央大塔的连线上，相应设置四座方形或矩形拜塔殿于塔基外侧。中央大塔高三十余米，塔身平面为折角亚字形，造型大体可归入叠置式一类。周围小塔的形式与之基本相似，互相呼应。群塔以白色为基调，仅在塔

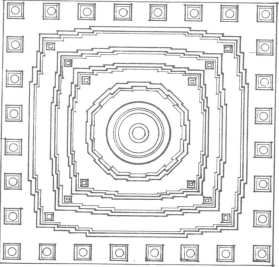

0 1 2 3 4 5m

**图5-5 盈江允燕塔**/上图

提起盈江允燕塔，人们印象最深的，莫过于它那高大的主塔以及簇拥着它的那四十座小塔所显示的庞大气势。此外，人们也很难忘记那大小四十一座塔上的风铎随风飘送的阵阵梵音。更有趣的是，在其中央主塔的覆钟式塔身上，居然有可以镇妖伏魔的神猴的形象，这很容易令人联想起《西游记》的故事。

**图5-6 盈江允燕塔平面图**/下图

正方形平面及对称布局方式，为盈江允燕塔奠定了和谐统一的空间坚实基础，一种具有理性的空间秩序也因此而建立起来。

顶部分贴金，异常艳丽。从整体上来看，大金塔体量合宜，比例得当，色彩明亮，秀美多姿，具有较高的艺术水平。遗憾的是该塔曾一度被毁。1981年重新修复后的大金塔，外部造型基本保持了原有格局，但在平面配置及色彩处理上略有变更，取消了四座拜塔殿，并将塔刹莲座以上部分的色彩改为金黄色。

群塔的总平面形式也不仅仅限于圆形。西双版纳的勐混群塔就采用了八角形的总平面形式。德宏地区也有不少总平面为方形的群塔，盈江允燕塔就是其中规模最大者。允燕塔虽然总共有四十座小塔及一座中央大塔，但实际上可以将其看作是由同处于一座方形基台之上的二十八座小塔与中央大塔组合而成，只不过在这座中央大塔的三层逐层后退的折角亚字形塔基的四个角上，还分别设置有一座小塔而已。

群塔是南传上座部佛教建筑中的一个常见的类型，在泰国、缅甸等国家都有许多著名的群塔，如缅甸最大城市仰光的大金塔等等。傣族地区的群塔在很多方面都明显受到它们的影响。有的学者认为群塔与金刚宝座塔有着相同来源，但是否如此，尚有待详加考证，因为二者实际差距不小，具有不同的风格特征。

六、各具特色的附属建筑

**图6-1 景真佛寺的僧舍**
僧舍的建筑造型既不同于佛殿，也不同于普通的傣族民居，恰好符合僧侣本身所具有的充当佛祖与众生之间的媒介的特性。

## 1. 僧侣居住的地方

　　傣族佛寺中另外一个比较重要的组成部分是僧舍。僧舍即专供僧侣起居的集体宿舍，傣语称"轰"或"罕"。由于云南南传上座部佛教存在男儿僧侣化（男孩在10岁左右就必须出家为僧一段时间）以及僧侣还俗自由化的现象，因此长期在僧舍居住的僧侣，以10至25岁的青少年居多，中老年僧侣相对较少，其室内布置也就相应地比较简朴。与佛寺格局在西双版纳与德宏两地有所不同的情况相呼应，这两个地区的僧舍也有着比较明显的差异。

　　西双版纳一带的僧舍有干栏式和平房两种类型。前者与普通傣族民居几无二致，后者可能是较晚的改良形式。僧舍内部多不分隔，但有时也分为佛爷宿舍和小和尚宿舍两个区域。佛爷宿舍也就是为高级僧侣专门设置的小室，位置靠里；小和尚宿舍则是一般僧人的宿舍，位置靠外。有的僧舍还常留出一定的空间作为

学经室，供佛爷为小和尚讲解经书或教授傣文之用。

因受缅甸佛寺将诵经场所与起居空间组合布置的影响，德宏地区的僧舍与佛殿在平面布置上常常融为一体，只是二者之间有时在地平标高或装饰上有所变化。除此之外，滇西佛寺中还有一些简易干栏式茅屋，供俗家信徒礼佛期间临时居住。类似形式在泰国叫做"萨拉"，历史较为久远，主要用途也是供行人小憩或暂住。

**2. 神圣与世俗的界限**

在西双版纳的寺院中，凡有围墙者通常都用或华丽或简朴的大门来作为入口的主要标

图6-2 芒市菩提寺的僧侣
芒市菩提寺的僧侣们依然保持着传统的"过午不食"的习惯，因此他们每天的正餐都必须在正午以前结束，然后就沉浸在经书中度过一天中余下的时间。

志。这些大门除了具有沟通内外的实用功能以外，还有精神方面的意义，也就是要在观念上将神圣的宗教与世俗的生活分隔开来。人们对于寺院入口的形式或装饰并不十分关注，相反却比较重视它的使用功能。在这种思想的支配下，寺院的入口常常设有引廊，它既可加强入口的引导作用，又可为赕佛听经的信众提供一个心理和生理上的缓冲空间，使其在进入神圣的佛殿之前，能够稍事休息，做好与佛祖对话的思想准备。当然，引廊的设置也与当地湿热多雨的气候条件有关。

### 3. 藏经讲经泼水祈福

藏经室是佛寺中专用于贮藏经书的场所，常见于版纳地区。因为南传上座部佛教的经书基本上都是用特制的笔抄写在贝叶（一种植物的叶片）上的，对于贮藏保存有较高的要求，所以要有专门的藏经室。在总体布局上藏经室的位置常偏居佛殿侧面，其结构形式与戒堂相近，大多建在高大须弥座台基之上，以便防潮，同时也在一定程度上暗示出这种建筑类型原有的重要意义。这种格局有可能受到泰国南传上座部佛教寺院的影响，这也是德宏地区较少见到藏经室的原因之一。

由得道高僧公开宣讲经书，既是寺院僧侣研修佛法的重要途径，也是傣族群众接受熏陶的良好机会，因而在寺院中讲经历来占有重要地位。负责讲经的高僧通常是在专门设置的讲经台上为僧侣和信众讲解经书中所蕴含的深奥

图6-3 橄榄坝曼景匡佛寺外观

位于风景秀丽的橄榄坝的这座佛寺，规模不大，等级也不高，但借助于寺院的大门、戒堂和佛殿的有机组合，也使它易于给人留下深刻的印象。

图6-4 喊沙佛寺入口引廊/后页

德宏的佛寺一般都不设大门，所以标识寺院入口的任务就只能由逐级升高的入口引廊来承担了。当然，具有遮阳避雨作用的引廊也为信众们提供了一个良好的休息空间，使他们在正式进入寺院之前，能够在生理和心理上作好必要的调整。

**图6-5 橄榄坝曼听佛寺讲经台**

讲经台的意义主要在于它是佛祖与众生之间互相
交流的一座桥梁，因此，无论它本身是简陋抑或
豪华，讲经台在佛殿中的地位都是十分重要的。

图6-6 大等喊泼水亭/上图

在佛寺中设置泼水亭，也是南传上座部佛教与傣族生活习俗互相融合的外在表现形式之一。以互相泼洒清水的方式来祈求幸福如意，本来是傣族特有的庆典仪式中的一项重要内容，如今却被引入寺院的佛事活动中，并以建筑的形式将其固定化，使之演化为寺院的重要组成部分。看来，形制简洁的泼水亭留给人们的思索，远远不是这样简单。

图6-7 曼帕奘房泼水亭/下图

采用稻草编扎出看似简朴实则富有韵味的屋顶形式，使一座简单的泼水亭十分耐看，为庄重严肃的傣族佛寺平添了几许活泼的气息。

义理的，讲经台有可上人及不可上人两种，可上人的讲经台其实也就是一个设有踏步的高大木制架子，不可上人的讲经台在形式上与佛柜有些相似。讲经台在造型上吸收了佛塔的一些处理手法，变化也较为丰富。

在德宏地区的傣族寺院中，常常设有泼水亭。泼水亭是傣族民间节日庆祝活动与寺院宗教活动互相融合的产物，造型较为自由，有的摹仿佛塔或寺院屋顶的造型，有的则采用稻草编扎出看似简朴实则富有韵味的屋顶形式，使庄重严肃的傣族佛寺平添了几许活泼的气息。

七、丰富多彩的装饰艺术

图7-1 景洪曼洒佛寺金水装饰/前页
利用金、红二色的强烈对比效果来营造神秘的空间气氛，是傣族寺院采用金水装饰的根本目的。寺院的墙体、立柱以及梁枋都是金水装饰的用武之地，重复出现的装饰母题所构成的连续韵律，使那些单调呆板的建筑元素变得生气蓬勃，室内空间气氛焉能不受感染。

傣族佛教建筑的装饰艺术也很有特点，如像屋顶脊饰、灰塑及木雕饰物、梁枋立柱的"金水"彩画、壁画及彩色玻璃镶嵌等等，都具有相当高的艺术水平和丰富多彩的装饰效果。

屋顶脊饰是指在屋顶的正脊、垂脊和戗脊上成排布置的琉璃装饰品，常见的造型有火焰、佛塔、吉祥鸟兽等多种形状，它们以连续的韵律增强了屋顶的吸引力。在傣族佛殿及其他附属建筑的屋面与正脊相交处的中部及两端，一般还特意用白灰塑出各种卷草图案，借助于具有动感的卷草纹样与朴实稳定的布瓦屋面所形成的动静对比，以及灰白色的卷草图案与暗红色的大片屋面所形成的色彩对比，使原本略嫌厚重的屋顶显得轻盈活泼，富有生气。

所谓"金水"，也叫"金水漏印"，其实是与汉族建筑的油漆彩画相类似的一种装饰做法。通常的做法是在黑漆的底色上刷一层红漆，使之形成红褐色的底面。在这底面上贴上用白纸镂空雕剪而成的各种纹样或图案，然后在镂空部位贴上金箔或刷上金粉，揭去白纸后即可获得漏印的"金水"图案。利用金黄的纹样与红褐的底色所形成的强烈对比效果，达到渲染空间气氛的目的。"金水"不但可用在梁

图7-2 孟连娜允某佛寺的佛柜/对面页
如若仅仅把佛柜看成是寺院中的一件普通的家具，那就永远不能理解傣族匠人为何要在它身上花费如此大的心血和精力。佛柜上那些充满建筑意味的细部处理，清楚地给出了这样一个答案：同寺院一样，佛柜也是佛（或经书）的安身立命之所，必须像对待寺院那样去对待它。

枋立柱上，而且可用在墙面上。一般在建筑构件上的"金水"图案以各种几何形状及花草藤蔓等纹样为主，而墙面上的"金水"图案题材就要广泛得多，既有各种动物，也有佛塔和仙女，甚至还有佛陀的形象。

在傣族佛寺中，还可以看到许多精雕细刻的木雕佛龛。这些被装饰得富丽堂皇的佛龛不仅为佛像增辉添彩，而且使整个寺院更具魅力。傣族佛龛上最为常见的装饰题材是花草鸟兽，其雕刻处理大都刀法简练、线条流畅，具有较强的装饰效果。从傣族佛龛的总体风格来看，带有明显的泰、缅影响。

除了佛龛以外，傣族佛寺的供桌和佛柜也很有特点，但它们都或多或少地受到汉族或白族木雕工艺的影响。例如，孟连县娜允某佛寺中的佛柜，主要用途是供奉佛像、经书及贵重的祭祀物品，其外部造型就采用了盘龙柱及垂

图7-3 沧源广允寺龙柱
用蟠龙的形象来装饰立柱，本来是汉族建筑常见的一种处理手法。然而，当人们在沧源广允寺的佛殿主入口看见这两根龙柱时，恐怕也不会感到太多的惊讶，因为它已经经过白族匠人的消化过滤，再移植到这座掺杂着汉族和白族建筑的造型特征的傣族佛寺上来，协调和包容已远远超过了矛盾和冲突。

莲柱来作为主要的装饰构件，但因其装饰图案
采用了傣族常用的纹样，因而它给人的总体印
象仍然是具有明确的傣族特征的。

图7-4 西双版纳大勐龙佛寺室内
利用剪纸或其他形式制作的各种吊幛、经幡，除了具有
宗教上的意义之外，也是渲染室内空间气氛的一种重要
手段。

　　类似的影响在著名的沧源广允寺入口处的
两根木雕龙柱上也有充分体现。广允寺虽然是
傣族的佛教寺院，但主要的建造者却基本上都
是来自大理地区的白族工匠，因此在其建筑造
型、细部处理等方面都带有白族建筑及木雕艺
术和技术的烙印。不过，借助室内装饰如立柱
的"金水"以及大幅壁画的烘托，也为寺院营
造出一片南传上座部佛教所特有的浓郁氛围。

　　在傣族佛寺的里里外外，还经常可以看到
一些用"剪纸"的形式做成的多种多样的"赕
佛"用品，如像佛龛剪纸、门笺门神、吊幛经幡等等，对于营造浓烈的宗教气氛有着显著的作用。佛龛剪纸的题材以佛像和佛塔最为多见，其造型端庄典雅，构图稳重对称，反映出祈求佛祖保佑的虔诚心态。吊幢经幡可以用白纸或彩色纸剪成各种图案来进行装饰，既可将图案重复排列形成长长的吊幢，也可将同样但不同色的图案依次贴在圆形幡架上做成经幡。构成这些图案的题材大都是被傣族人民赋予了各种象征意义的吉祥物，如佛寺、佛像、佛塔、亭阁、莲花、孔雀、蝙蝠、游龙、白象、猛狮、神鹿等等，具有很强的装饰效果。

图7-5 孟连娜允某佛寺室内
尽管这座佛寺的室内装饰比较简单，凭借着那些吊幢和经幡营造出的色彩和动态效果，居然也能使人产生欲与佛祖对话的冲动。

八、造像和壁画

图8-1 瑞丽南城佛寺的幡杆
高高耸立的幡杆，以及那随
风飘荡的"赶董"（傣语经
幡之意），既是傣族寺院的
一种标志，也是赕佛的一种
方式。

图8-2 西双版纳曼达罕佛
寺的佛像/对面页
虽然西双版纳的寺院造像总
的说来在造型上趋于体态瘦
削、表情严肃，但在大勐龙
的曼达罕佛寺中，我们所看
到的这尊佛像，却显得丰满
高大、表情亲切，别具一种
情趣。

傣族寺院一般仅供奉释迦牟尼的造像，
在傣语中叫做"帕召果他麻"或尊称为"萨邦
友帕塔召"，意思是至高无上的佛祖。如前所
述，在对佛像的供奉方面，西双版纳与德宏地
区存在着比较明显的差别。版纳佛寺一般供奉
泥塑佛像，他们对于塑造佛像非常重视，往往
要举行一系列烦琐仪式。其人物造型体态瘦
削，表情恬静，表现出一种苦行的精神，与内
地大乘佛教寺院佛像风格迥异，这主要是受泰
国佛像影响的结果。相对来说，德宏佛寺中所
供奉的佛像（包括玉佛和木雕佛像）不但体
量要小得多，而且在造型风格上也有强烈的
缅甸造像特征，面部表情略带笑容，显得秀
媚而端庄。

在西双版纳的傣族佛寺中，佛像的两侧通
常还有两尊小像，它们分别是傣族民间传说中
的女神"郎妥落尼"和男神"丢合明"。"郎
妥落尼"是土地之神，她在释迦牟尼成佛的前

**图8-3 芒市菩提寺供奉的佛像**

这尊形态端庄、面容祥和的佛像，表现出与西双版纳佛像完全不同的风格特征，同时也使菩提寺这座外部造型受汉族建筑影响较大的寺院，保持着浓厚的傣族民族建筑色彩。

夕将妖魔"叭满"赶了出去；"丢合明"则是第一个为佛陀敬献鲜花的男神。

傣族佛寺中也有很多木雕佛像和供养者像，比较常见的有浮雕和圆雕。这些木雕佛像大可盈尺，小不及寸，造型简洁与繁杂者均有，大部分是由信教群众来寺院赕佛时敬献的。

傣族群众所信奉的南传上座部佛教还有一个与东南亚地区南传上座部佛教有所区别的显著特征，这就是它带有一些万物有灵或原始鬼神崇拜的痕迹。这种痕迹突出地表现在寺院或佛塔周围存在着大量泥塑的神兽或鬼神的形

象，而且在有的佛殿的前面或两侧还建有两个专门供奉保护佛寺的神灵"底布拉"的神龛（"底布拉"是傣族原始保护神的总称，其属性和功能均十分复杂，且无具体的偶像）。为什么会出现这种现象呢？这是因为早在南传上座部佛教传入云南以前，万物有灵或原始鬼神崇拜就在傣族地区普遍存在。傣族群众相信他们自己的命运掌握在神和鬼的手中，这些神，也就是民间传说中的英雄，如像"召树屯"、"娜目帕蒂雅"等等，可以帮助人们脱离苦海；而那些无处不在的鬼则会给人们带来灾难。因此，傣族群众将自身的幸福寄托在神的身上，希望通过诚心诚意的膜拜来获得神的庇护；而对于鬼，由于人们自知无力与之抗衡，

图8-4 陇川景坎佛寺内的赕佛草房

傣族群众的赕佛活动，不但可以在佛殿中进行，而且可以在其他一些地方进行。这种带有临时性质的草房，既可作为赕佛的场所，也常被用来安放各种各样的赕佛用品。

则只能通过对鬼表示尊敬的方式来祈求免遭鬼的骚扰。尽管释迦牟尼的到来为人们增加了一种进入天国的途径，但对于神与鬼的敬畏之情并不会有所消退；另一方面，外来的南传上座部佛教也需要依托这种原始宗教信仰的力量来加速本身的传播。在这种背景下，借助神兽来拱卫佛祖，或是在寺院中设置鬼神的祭祀物，也就不会令人感觉难以理解了。

傣族寺院中的泥塑神兽，数量较多的有龙、象、狮、虎等几种。这里的龙的形象与内地汉族的龙有所不同，其身似蛇，但较粗短，也没有须角，有很强的装饰性，可以将其看作是东南亚地区南传上座部佛教寺院中常见的神

图8-5
**德宏某佛寺内的祭祀神龛**
佛寺内的祭祀神龛，并不是用来赎佛的，而是用来祭祀傣族民间宗教的神灵的。南传上座部佛教与傣族民间宗教的相互接纳，就透过这小小的神龛清晰地展现出来。

图8-6 陇川景坎佛塔人面兽身像

提到人面兽身像，人们往往会把目光投向遥远的古埃及的沙漠。其实，就在离我们不远的西南边陲，我们也看到了具有相似创意的雕塑作品。在陇川景坎佛塔塔基的四个角上，四尊人面兽身像昂然屹立。更为奇特的是这些雕像都是一头两身，即两只兽身共有一个人头。也许，利用动物的勇猛加上人类的智慧就可以获得神奇的魔力，曾经是人类所共有的一种执着的信念。

云南傣族寺院与佛塔

造像和壁画

筑境 中国精致建筑100

图8-7 喊沙佛寺室内陈设与装饰/前页

明亮宽敞，是德宏佛寺的一大特征。喊沙佛寺的室内陈设与装饰可以使人对这一特征有更深刻的认识。值得注意的是其天花板的处理，一幅幅佛本生故事把原本平淡无奇的天花板装点得绚丽多姿，再加上端庄的玉佛以及其他供品的烘托，也使室内的宗教气氛变得更为浓烈。

兽"那咖"与汉族龙相结合的产物。大象是东南亚地区常见的动物；在南传上座部佛教的经书中又带有吉祥的象征，所以会受到人们的钟爱和重视。由于人们相信威严勇猛的狮虎能够驱鬼避邪，因此它们承担着护卫寺院或佛塔的重任。著名的德宏州潞西县芒市菩提寺内，还有一只比较特殊的神兽，它的头似龙，鼻似象，身似麒麟，尾似鱼，人称"四不像"，也是多种文化相互融合的结晶。与之相似，在德宏州的佛塔上，人们也看得到人面兽身的神兽，它很容易使人联想起相距遥远的古埃及狮身人面像。此外，还有些动物，如马、猴、孔雀、蟾蜍等，也常作为神兽出现在寺院中。

傣族佛寺的壁画艺术亦具有较高的艺术水平。总的来看，这些佛寺壁画的内容以佛本生故事为主，但在不同的地区还能看到若干其他的题材，这也与不同的文化影响有关。西双版纳地区的傣族佛寺壁画尽管内容与敦煌壁画有着某些相似之处，但在具体处理手法上又十分贴近傣族人民的日常生活，通过将天上、人间、地狱等三种截然不同的领域有机地结合在同一幅画面里，有效地缩短了佛、神、鬼与人之间的距离，这样就很容易使人产生"不进天堂，便下地狱"的直接感受，从而激发起崇佛和敬鬼的热情。除了佛本生故事以外，"召树屯"等傣族民间英雄的故事也经常出现在傣族佛寺壁画中，这固然是出于进一步密切佛与神之间关系的考虑，但这些家喻户晓的英雄人物能够与佛祖和平共处，确实也增加了寺院的吸引力。

图8-8 沧源广允寺壁画

由于沧源广允寺处于汉族文化影响比较强烈的地区，寺内的壁画无论是在内容题材上还是在表现技法上都呈现出与西双版纳及德宏地区的傣族佛寺壁画不尽相同的风格特征，反映出汉、傣两种文化互相撞击和融合的轨迹。广允寺的壁画存一个显著的特点就是建筑都是内地建筑的形象，而主要的人物依然是傣族的传统装束，它们和平共处于同一幅画面中，并无多少不相协调的感觉。

相对于西双版纳佛寺壁画的秀美风格来说，德宏地区的佛寺壁画在风格上就要豪放得多，其色彩浓烈，笔触大胆，画面饱满，表现出东南亚地区与中国内地文化相互融合的影响。在壁画的题材上也是如此，德宏寺院壁画既有南传上座部佛教的传统题材，也有汉地佛教的常见题材，甚至还有汉族古典文学名著如《西游记》、《封神演义》、《隋唐演义》及其他民间传说的题材。这些来源不同的故事以绘画的形式共存于同一座佛寺之中，显现出德宏佛寺兼收并蓄的博大宽容气度。

德宏佛寺壁画的这种风格，也对其他几个与汉族交往比较频繁的傣族聚居地区（如孟连、澜沧、临沧等）的佛寺壁画产生了一定的影响。只是在这些地区的某些佛寺壁画中，往往掺杂着若干宣扬"政教合一"的成分。例如孟连芒中佛寺的壁画中就有表现手持洋枪洋炮的士兵为佛祖护法的场面，直观地表现出宗教与政权的紧密联系。这种现象与元明清时期汉族政权曾在当地大力扶持土司势力，借以加强对边远地区的统治的特定形势有着密切的关联。

汉族文化对傣族佛寺壁画的影响在沧源县广允寺的清代壁画中有比较充分的体现。在这座外部造型与传统的傣族佛寺有着很大差别的南传上座部佛教寺院的壁画中，我们既能看到充满浓郁傣族韵味的南传上座部佛教佛经故事：由大地女神梳动飘逸的长发而演化成的滔滔洪水，正在冲刷荡涤着一切妖魔鬼怪，使端坐于菩提树下的释迦牟尼得以专心修行；同时也能看到清朝政府当年派员册封当地土司的情景：身着汉族官服的土司与汉族官员一同坐在美轮美奂的楼阁中欣赏傣族乐舞，尽管画面上的建筑如城池、楼阁、住宅等均是汉族式样，却丝毫没有破坏跃然壁上的傣族群众载歌载舞庆贺节日的欢快气氛。

九、传播与演变

在总体特征上，云南的南传上座部佛教建筑的确与泰、缅等国的佛教建筑有着很深的关联，而且版纳与滇西的佛寺与佛塔也分别同泰国和缅甸佛寺及佛塔的风格更接近一些。然而，在细部处理方面，云南与泰、缅相比也有不少差异。这种情况在傣族的叠置式佛塔中表现得比较突出：这种塔的灵感可能来自泰国北部的叠置式"斋滴"（即佛塔），甚至可以追溯到缅甸那种在半球状穹隆顶上叠置钟形塔身的模式。但傣族人民在这种形式的佛塔上更进一步发挥了自己的聪明才智，运用各种形状的体积的叠加使塔的造型更富于变化。与其原型相比较，傣族佛塔可以说是"青出于蓝而胜于蓝"。

另一方面，中国内地汉族文化的影响也是长期存在的。正如我们在前文中已经谈过的那样，傣族建筑在许多方面都表现出汉族文化的明显印迹，诸如木构建筑技术、木雕泥塑艺术、壁画装饰艺术等等，都是如此。而处于西双版纳、德宏、澜沧及临沧等与汉族文化接触程度各不相同的地区的傣族佛教建筑，均呈现出不同的面貌特征这一事实，也是南传上座部佛教在傣族聚居地区传播过程中不断发生演变的忠实写照。

然而，无论其外部造型或细部处理发生多大的变化，不同地区的傣族的佛寺与佛塔都在神韵上显示出自己的民族特征，这表明傣族人民具有较强的吸收并改进外来文化的能力，他们对于外来文化的态度是，既不全盘接收，也不全盘否定，而是择其精华，为我所用，并在融会贯通的基础上加以提高。这是傣族建筑能够不断发展的主要动力，也是傣族建筑之所以能对世人产生莫名的诱惑的根本原因。

不可否认，随着时代和建筑技术的进一步发展，傣族的佛寺与佛塔在外部形象、内部装饰、细部处理等方面还会发生更多的变化。但可以预料的是，它们依然会，而且必然会继续保持和发扬鲜明的民族特色。

# 傣族南传上座部佛教建筑大事年表

| 公元纪年 | 大事记 |
|---|---|
| 1180年 | 帕雅真入主西双版纳，号称"至尊佛祖" |
| 1207年 | 建造曼飞龙白塔（塔诺） |
| 1277年 | 西双版纳傣文正式创立，开始刻写贝叶经 |
| 1432年 | 建造大勐龙佛寺 |
| 1473年 | 土司罕边法在耿马县东门外的半满燕修建佛寺 |
| 1477年 | 曼阁佛寺建立 |
| 1548年 | 土司罕庆法修建景戈大佛寺 |
| 1570年 | （宣慰使之妻）金莲王后主持建造大佛寺一所，名为金莲寺 |
| 1574年 | 建造景洪曼广佛寺 |
| 1675年 | 初建德宏芒市菩提寺 |
| 1701年 | 勐海景真佛寺创立，建造景真八角亭 |
| 清乾隆 | 建造瑞丽大等喊奘房 |
| 中华民国 | 建造盈江允燕塔 |
| 1978年 | 对景真八角亭进行全面维修 |
| 1981年 | 重新修复瑞丽姐勒大金塔 |
| 1988年 | 全面维修因地震受损的沧源县广允佛寺 |

**图书在版编目（CIP）数据**

云南傣族寺院与佛塔／杨昌鸣撰文／摄影. —北京：中国建筑工业出版社，2013.10
（中国精致建筑100）
ISBN 978-7-112-15980-2

Ⅰ.①云… Ⅱ.①杨… Ⅲ.①傣族-佛教-寺院-建筑艺术-云南省②傣族-佛塔-建筑艺术-云南省 Ⅳ.① TU-098.3

中国版本图书馆CIP数据核字（2013）第241466号

©中国建筑工业出版社

责任编辑：董苏华 张惠珍 孙立波
技术编辑：李建云 赵子宽
图片编辑：张振光
美术编辑：赵 清 康 羽
书籍设计：瀚清堂·赵 清 周伟伟 康 羽
责任校对：张慧丽 陈晶晶 关 健
图文统筹：廖晓明 孙 梅 骆毓华
责任印制：郭希增 臧红心
材料统筹：方承艺

中国精致建筑100

**云南傣族寺院与佛塔**

杨昌鸣 撰文/摄影

中国建筑工业出版社出版、发行（北京西郊百万庄）

各地新华书店、建筑书店经销
南京瀚清堂设计有限公司制版
北京顺诚彩色印刷有限公司印刷

开本：889×710 毫米 1/32 印张：$2^{7}/_{8}$ 插页：1 字数：123 千字
2015年11月第一版 2015年11月第一次印刷
定价：**48.00**元
ISBN 978-7-112-15980-2
 （24369）